AF371046

LA VÉRITÉ SUR LA BOULANGERIE

LA VÉRITÉ

SUR LA

BOULANGERIE

PAR

LOUIS LEBAUDY

Ancien Gérant de la Boulangerie Centrale

PARIS

GUILLAUMIN, LIBRAIRE-ÉDITEUR

Rue de Richelieu, 14

1861

LA VÉRITÉ

SUR LA

BOULANGERIE

Depuis l'année 1853, où l'insuffisance des récoltes de blé, se continuant jusqu'en 1856, amena l'attention du Gouvernement sur l'alimentation de la France et surtout de Paris, les questions qui intéressent la boulangerie ont été approfondies et vivement discutées.

La préfecture de la Seine a pris des mesures fort importantes pour maintenir le prix du pain à un taux régulier et modéré, et pour mettre à l'étude de meilleurs procédés de mouture et de panification.

C'est ainsi que la caisse de la boulangerie a été instituée à l'Hôtel-de-Ville le 24 septembre 1853, pour établir, au moyen d'avances ou de reprises aux boulangers, une compensation entre les années de disette et les années de fertilité,

Et que la boulangerie des hospices, dite Scipion, est devenue en 1856 une très-importante meunerie-boulangerie.

La disette de ces quatre années avait suscité partout des inquiétudes, des misères, des souffrances qui engageaient à rechercher les moyens de réduire le prix du pain. Les inventeurs, avec des recettes et des procédés anciens ou nouveaux, étaient à l'ordre du jour et trouvaient partout un accueil bienveillant. Sans revenir en aucune façon sur ces procédés qui n'ont pas été adoptés, je veux constater que le Gouvernement repoussa énergiquement tout ce qui pouvait autoriser les boulangers à introduire dans le pain aucune farine qui ne fût extraite du blé.

Le pain en France doit être et sera toujours, il faut l'espérer, de pur froment.

La question ainsi posée, la diminution du prix du pain devait se trouver dans de meilleurs procédés de mouture ou dans des moyens perfectionnés de panification.

Le rendement du blé en farine et l'introduction dans la boulangerie parisienne d'un nouveau pain de ménage, dit, je ne sais pourquoi, réglementaire, donna lieu, de la part des meuniers et des boulangers, à une résistance qui décida le préfet de la Seine à charger la boulangerie des hospices des essais qu'il désirait poursuivre à ce sujet.

Le pain que consomme la population parisienne est fabriqué avec des farines à l'extraction de 30 à 34 0/0. Il s'agissait d'essayer de faire accepter par la population un pain qui, au lieu d'utiliser 64 à 70 0/0 du poids des blés mis en mouture, on utiliserait 75 0/0, et qui, aussi agréable au goût et plus nutritif, pourrait se débiter avec une réduction de 5 à 7 centimes par kilogramme.

C'est ainsi que fut fondée la meunerie-boulangerie des hospices, et cet établissement, dirigé par M. Salone, a produit en quatre années plus de vingt millions de kilog. de pain, provenant de vingt millions de kilog. de blés, avec une farine à 25 0/0 d'extraction. Ce qui fait revenir à l'ancienne formule de Lavoisier, qui avait déjà dit que : chaque livre de blé peut fournir une livre de pain, poids pour poids ; l'eau qu'on ajoute au pain dans sa fabrication rendant à peu près un poids égal à celui du son qui a été séparé par la mouture.

La boulangerie des hospices a établi des débits de sa fabrication sur les principaux marchés de Paris, et a fait ainsi aux boulangers, devant travailler à l'abri d'un privilége, une concurrence qui a causé une vive émotion dans la corporation. Etait-il possible aux boulangers de Paris d'imiter et de suivre la boulangerie des hospices dans ces essais, et de fabriquer ce nouveau pain avec avantage et économie? Il suffit d'examiner les moyens de fabrication des deux côtés pour reconnaître les progrès et les perfectionnements que les boulangers doivent apporter dans leurs moyens de travail avant de tenter l'essai d'un nouveau pain dans leurs fournils si restreints, et presque partout établis dans des caves.

La boulangerie des hospices, avec l'aide des fonds de la ville, a créé une meunerie qui lui permet de produire ses farines à l'extraction certaine de 25 0/0. Cette farine, moins fatiguée sous les meules qu'à l'extraction de 30 à 34 0/0, conserve plus la saveur du blé et tous les éléments nutritifs.

Etait-il facile aux boulangers d'obtenir avec certitude des meuniers, des farines dans des conditions semblables?

La résistance a été positive lorsque la question a été posée, et pour la comprendre, il faudrait se rendre compte des motifs qui ont conduit la meunerie à produire la farine tirée à blanc, très-fine et très facile à pétrir à bras, et à cesser la mouture de la farine ronde, beaucoup plus fatigante à panifier, et dont le pétrissage est seulement facile et avantageux avec le pétrin mécanique.

La boulangerie des hospices, en outre de sa fabrication considérable, régulière et continue, qui entraîne des frais généraux qu'on ne peut comparer avec ceux des petites boulangeries, possède d'excellents moyens de panification, tels que : moteur à vapeur, bluterie et pétrins mécaniques, avec lesquels on peut faire plus du double de travail avec un nombre égal d'ouvriers.

M. le préfet de la Seine, satisfait des avantages ressortant des essais et des expériences à Scipion, a voulu la création, dans les mêmes conditions, de grandes meuneries-boulangeries dans Paris pour remplacer les boulangers ne pouvant suivre cette voie de progrès.

Mais le Gouvernement de l'Empereur, protecteur de tous les intérêts, n'a pas permis qu'une modification aussi considérable dans l'alimentation de Paris se produisît sans une enquête. Le Conseil d'Etat fut saisi de ces projets, et les questions qu'il a posées dans l'enquête de 1859 aux hommes les plus éclairés et les plus compétents de France, ont jeté sur la meunerie et la boulangerie une lumière qu'on ne peut trop faire connaître.

La discussion engagée sur toutes ces importantes questions, est venue se résumer au Conseil d'Etat.

M. Le Play, conseiller d'Etat rapporteur de l'enquête, est arrivé, après une étude des plus complètes de toutes les questions, à combattre avec la plus vive énergie l'existence de la caisse de la boulangerie et de la meunerie-boulangerie des hospices, et, dans ses conclusions, demande *la liberté du commerce de la boulangerie.*

S. Exc. le ministre du commerce et des travaux publics a transmis à M. le préfet de la Seine le rapport de M. Le Play et ses conclusions suivantes :

M. le conseiller d'Etat, rapporteur, est d'avis :

« 1° Qu'il n'y a pas lieu de compliquer l'organisation « présente de la boulangerie parisienne, et, notamment, « de substituer aux petits ateliers actuels les meuneries- « boulangeries proposées par la préfecture de la Seine ;

« 2° Qu'il y a lieu, au contraire, de simplifier graduelle- « ment cette organisation et de la ramener au régime du « droit commun, qui fonctionne à la satisfaction générale « dans les autres contrées de l'Europe ;

« 3° Que, dès à présent, il y a lieu de liquider la caisse

« de la boulangerie, sauf à la remplacer momentanément
« par quelque équivalent plus simple, et qu'à cet effet, il
« conviendrait d'interdire la continuation des avances sur
« les bases adoptées pendant la dernière disette, dans le cas
« où une disette nouvelle surviendrait avant le complet
« recouvrement de l'arriéré ;

« 4° Toutefois, M. le rapporteur pense que cette modifi-
« cation, de même que la suppression des réserves régle-
« mentaires et les autres réformes, qui devront être ulté-
« rieurement introduites dans le régime actuel, ne devront
« être opérées que sur la demande expresse du Conseil Gé-
« néral de la Seine ;

« 5° Qu'il y a lieu d'abroger également, en tout ou en
« partie, le régime réglementaire, sur la demande des mu-
« nicipalités, dans les autres villes de l'Empire. »

M. le préfet a confié l'examen du travail de M. Le Play à
une commission choisie parmi les membres du Conseil Municipal et présidée par M. Dumas, qui a été l'organe de cette
commission pour réfuter M. le rapporteur du Conseil d'Etat.

Voici les conclusions du rapport de M. Dumas et de la
commision :

« La commission déclare que, confirmant les délibéra-
« tions antérieures du Conseil Municipal, elle est toujours
« d'avis :

« 1° Qu'il y a lieu de maintenir la réserve réglemen-
« taire ;

« 2° Qu'il y a lieu de maintenir le système de compen-
« sation ;

« 3° Qu'il n'y a pas lieu de liquider la caisse de la bou-
« langerie ;

« 4° Qu'il n'y a pas lieu de ramener la boulangerie pari-
« sienne au régime du droit commun ;

« 5° Enfin, qu'en ce qui concerne les meuneries-bou-
« langeries à établir par l'industrie privée, rien n'empêche
« de continuer à ajourner toute décision. Aucune demande
« n'est formulée. Des procédés nouveaux pour la fabrica-
« tion du pain sont annoncés, qui seraient plus écono-
« miques, et dans l'incertitude où l'on est encore en ce
« moment, on ne saurait ni formuler un plan sérieux d'u-
« sine, ni asseoir sur une base certaine le plan d'une opé-
« ration commerciale prudente. »

Devant ces conclusions et opinions, si opposées, des
deux autorités les plus importantes : le Conseil d'Etat et le
Conseil Municipal, la décision qui sera prise par le Gouvernement aura pour la boulangerie une importance économique et pratique considérable.

Les boulangers, soumis à tous les règlements imposés
par la préfecture de la Seine et la préfecture de police, et
aux exigences de la caisse de la boulangerie, n'ont jamais
rêvé ou désiré la liberté du commerce, c'est-à-dire pouvoir
acheter, fabriquer et vendre, comme dans le droit commun,
sans l'intervention et le contrôle incessant des autorités. Si
cette proposition, émanant du Conseil d'Etat, ne leur a pas
causé une forte émotion, c'est qu'ils ne peuvent croire à la
possibilité d'un affranchissement aussi en dehors de leurs
habitudes.

M. Pommier, rédacteur en chef du journal l'*Echo agri-
cole*, a fait, dans l'enquête de 1859, une déposition qui
donne une nouvelle preuve qu'il est éclairé au plus haut
degré sur toutes les questions qui intéressent la meunerie
et la boulangerie.

Dans son opinion :

« La liberté du commerce de la boulangerie serait plutôt
« profitable que nuisible au consommateur. C'est à tort que

« l'on prétend que le pain est relativement plus cher à
« Londres sous le régime de la liberté, qu'à Paris sous le
« régime de la taxe. »

Après avoir démontré ce fait par des calculs et des observations, il termine ainsi, pour ce qui concerne la liberté
du commerce de la boulangerie :

« Je ne prétends pas que le régime de la liberté soit im-
« médiatement applicable à la boulangerie parisienne ; je
« crois que cette liberté ne serait pas défavorable aux con-
« sommateurs sous le rapport du prix du pain, comme
« quelques personnes le pensent ; mais je reconnais que la
« taxation administrative du pain est en France une habitude
« contre laquelle, jusqu'à présent, personne ne réclame.
« L'administration municipale y tient, parce qu'elle lui
« confère une attribution.
« La boulangerie y tient, parce qu'elle lui assure un
« monopole ; car il n'y a pas de taxe possible et juste sans
« limitation et sans privilége.
« La meunerie y tient, parce qu'elle croit y trouver plus
« de sécurité pour la rentrée de ses avances.
« Enfin, le public ne la repousse pas, parce qu'il ne con-
« naît pas les bases sur lesquelles le prix du pain est établi :
« il ignore les avantages que lui assurerait la liberté ; il
« pense, d'ailleurs, que l'administration défend ses inté-
« rêts mieux qu'il ne le ferait lui-même. »

Cependant l'échelle mobile soutenue et défendue pendant
un si grand nombre d'années par les hommes les plus haut
placés en France, vient de disparaître comme un nuage qui
cachait la lumière. Pourquoi, malgré le rapport si positif de
M. Dumas, ne verrions-nous pas la liberté de la boulangerie ? Avec le génie qui gouverne la France, on peut tout
espérer.

M. Dumas conseille de poursuivre avec persévérance les études entreprises à la boulangerie des hospices, en disant que si l'administration est entrée dans une voie que les boulangers regrettent aujourd'hui, si elle a institué une grande boulangerie expérimentale, il faut s'en prendre aux boulangers qui l'ont contrainte à agir ainsi par leur résistance et leur inertie.

Cette déclaration est un argument bien sérieux contre l'indifférence, la routine et l'engourdissement de la corporation.

En effet, lorsque tout a progressé dans le monde, lorsque le perfectionnement des procédés de fabrication s'est étendu sur tout ce qui tient au bien-être de l'humanité et que l'emploi de la vapeur et de la mécanique a fourni des moyens puissants et économiques, la boulangerie seule est restée stationnaire. Est-ce parce qu'elle n'était pas libre que ses instincts ont été ainsi paralysés? Il est rationnel de croire que la liberté amène le progrès en toutes choses. Si le boulanger, exerçant aujourd'hui un métier pénible que l'on juge exiger la surveillance et le contrôle de l'autorité, entrait dans la voie industrielle pratiquée par l'emploi de la vapeur et de la mécanique, il verrait promptement son importance grandir, l'intelligence de ses ouvriers se développer et ses moyens d'action à la hauteur de toutes les circonstances et pouvant répondre à tous les besoins.

La boulangerie parisienne n'est pas dans une situation prospère, tout au contraire. et pour s'en convaincre, il suffit de compter toutes les mutations qui se sont opérées dans les fonds depuis dix ans. Les syndics de la corporation adressent des mémoires à l'autorité pour faire connaître l'état critique de leur position. Mais malheureusement le principal remède qu'ils indiquent. c'est une augmentation de la taxe fixée pour la cuisson, c'est-à-dire une augmentation du prix du pain.

Les raisons qu'ils donnent sont vraies et équitables, car

les charges de la boulangerie sont augmentées par la réserve réglementaire, l'intervention de la caisse de la boulangerie et le renchérissement presque général.

Cependant cette demande n'a pas été prise en considération et l'administration semble vouloir obliger les boulangers à chercher une amélioration à leur position dans une fabrication meilleure et plus avantageuse, car M. Dumas dit en terminant son rapport : *Des procédés nouveaux pour la fabrication du pain sont annoncés qui seraient plus économiques.*

Rien n'annonce, dans le rapport de M. Dumas, que les conditions qui régissent la panification doivent être modifiées. Mais il dit que l'administration entend que le boulanger puisse travailler avec profit, et voici l'argument à ce sujet :

« La meunerie-boulangerie des hospices, qui est ouverte
« à tous les progrès, apprendra tôt ou tard à la boulangerie
« parisienne comment on peut réaliser des économies
« notables sur le prix du pain, ou bien obtenir pour le même
« prix un pain meilleur et plus beau en mettant à profit
« toutes les données de l'industrie et de la science. »

Telle est l'opinion de M. Dumas, un des hommes les plus éminents de la science, ayant étudié et approfondi tout ce qui est possible en panification.

Les boulangers persisteront-ils après cela dans les vices constatés de leur fabrication ?

Cette grave question exige dans les circonstances actuelles, et en présence des pertes et de l'état critique de la corporation, un examen sérieux et consciencieux.

Existe-t-il des moyens plus économiques et plus avantageux pour la panification ?

Ces moyens sont-ils pratiques, ou encore à l'état de théorie ?

Peuvent-ils être installés dans les fournils des boulangers?

On doit dire que tous les essais faits en panification ont échoué jusqu'à présent dans les petits ateliers de boulangerie, et il ne faut pas s'étonner de la méfiance et du peu de sympathie que rencontrent les inventeurs. On veut être convaincu par des faits et des résultats positifs. et chacun résiste à des expériences coûteuses qui dérangent les habitudes des ouvriers et le travail de chaque nuit qui doit être terminé à heure fixe.

Il y a donc utilité et service à rendre en indiquant ce qui peut être admis avec confiance et certitude de succès.

Pour que la panification cesse d'être un métier et entre dans la voie industrielle en adoptant les appareils mécaniques, il faut d'abord la vapeur et un moteur. Nous connaissons la révolution et les perfectionnements qu'ils ont amenés dans la fabrication du chocolat.

Il était impossible. il y a quelques années, d'installer un générateur et une machine à vapeur dans les fournils; mais nous avons aujourd'hui la locomobile et surtout les appareils Drouot. spéciaux pour la panification, et fonctionnant depuis deux ans chez M. Chevrolat, boulanger, rue Blanche. n° 90. et aussi chez M. Prot. rue de Charonne. n° 111.

Le problème, sous ce rapport, est résolu. et la boulangerie peut facilement fonctionner à la vapeur. Toute défiance, toute inquiétude à ce sujet doit cesser.

Le pétrin mécanique peut donc être adopté dans les petits ateliers comme il l'est depuis tant d'années à la boulangerie des hospices, parce qu'il a enfin ce moteur sans lequel il ne peut donner des résultats avantageux. bons pour la qualité de la pâte et économiques. Les nombreux essais en faisant tourner le pétrin à bras d'hommes n'ont jamais donné de résultats satisfaisants. Les ouvriers fatiguaient autant et préféraient le pétrissage à bras.

Pour réussir, le pétrin mécanique doit, autant que possible, imiter le travail à bras ; c'est-à-dire : malaxer la pâte, la découper, l'étirer et la souffler en laissant le temps de repos nécessaire pour la fermentation entre chaque manipulation, il doit également ne pas nécessiter une augmentation de levains qui sont toujours préjudiciables à la qualité du pain.

Avec cette machine, le pétrissage d'une fournée s'accomplit en dix à douze minutes.

Les ouvriers ont toujours redouté l'introduction des machines dans leur industrie, et leur opposition serait à craindre, dans la boulangerie, pour le pétrin mécanique, parce que les patrons, il faut bien le dire, sont à la merci de leurs ouvriers, qui, par une bonne ou mauvaise volonté apparente ou dissimulée, peuvent réussir le travail ou le gâter, même pour plusieurs jours, en laissant la fermentation arriver à l'état putride.

Mais si, avec le pétrin mécanique, la pâte est mieux rendue à point, avec la plus grande propreté, sans aucune perte de farine, le travail très-régulier, toujours le même et le rendement supérieur, pour ce qui concerne les ouvriers, les avantages sont tellement importants, que la question d'humanité devrait seule engager l'administration à imposer le pétrin mécanique.

Est-il rien de plus pénible que le pétrissage à bras de 250 à 300 kilog. de pâte pendant les trente minutes environ obligées par le travail ? A peine cinq minutes sont écoulées et déjà la sueur ruisselle sur tout le corps de l'ouvrier. Le nuage de farine qui s'élève et enveloppe sa tête rend sa respiration très-difficile, et il ne peut se soulager qu'en poussant des gémissements affreux à entendre.

Il arrive souvent qu'après un quart d'heure de ces efforts surhumains, il s'aperçoit qu'il a une pâte trop ferme ou trop douce. Il faudrait ajouter de la farine ou bassiner, mais ce serait un nouveau pétrissage plus fatigant, et ses forces s'y refusent ; alors le pain est imparfait et le consommateur mécontent.

Il y a généralement six ou huit fournées de pain dans la nuit ; c'est six à huit pétrissages à faire, c'est-à-dire une transpiration complète de trois à quatre heures toutes les nuits. L'Académie de Médecine pourrait dire ce que l'ouvrier perd de forces et combien il abrége sa vie dans ce travail énervant.

Que deviennent, à l'âge de quarante à quarante-cinq ans, ces hommes entrant si vigoureux à vingt ans dans le métier de geindres ou pétrisseurs?

L'ouvrier, pour entretenir ses forces si fortement éprouvées, doit avoir recours à une nourriture très-substantielle et à des boissons alcooliques qui le conduisent malheureusement bien trop au cabaret et absorbent tout son salaire.

Avec le pétrin mécanique, toutes ces difficultés disparaissent comme par enchantement. La preuve de ce fait existe en pratique, et chacun peut s'en convaincre en examinant les appareils Drouot chez M. Chevrolat et chez M. Prot, boulangers.

On est frappé, en entrant, de l'ordre, de la tranquillité et de la propreté du fournil.

La vapeur est obtenue dans un générateur placé sur le four et chauffé par la chaleur perdue, puisque c'est en chauffant le four que l'on monte en vapeur. Cependant un petit foyer spécial placé dans la maçonnerie du four sert à soutenir la pression, mais n'exige que 1 fr. 50 c. à peine de combustible par nuit. On peut donc dire que le four générateur produit gratuitement la force motrice. Cette invention seule est un service considérable rendu à la boulangerie.

Le pétrin mécanique consiste en une auge circulaire placée autour d'une colonne creuse en fonte, qui sert d'assise à une petite machine à vapeur fonctionnant verticalement, plus à une sorte de fourchette et à une hélice qui tournent, la première horizontalement, et la seconde verticalement dans l'auge ; la fourchette produit vivement l'homogénéité de la pâte dans la frase et la découpe constamment. L'hélice l'étire et la souffle dans les conditions les plus rigoureuses de l'art. Ces deux organes sont fixés après la colonne et font leur mouvement rotatif sur place, tandis que l'auge fait le sien horizontalement autour de cette même colonne, et leur apporte ainsi tous les matériaux panifiables. La vitesse du mouvement rotatif de l'auge est calculée de manière à ce que la pâte puisse avoir un temps de repos suffisant pour sa bonne confection, entre chacune de ces manipulations.

Au-dessus de l'auge, est établi un réservoir d'eau froide qui peut être chauffé instantanément à l'aide de la vapeur qui se dégage d'un robinet. Un second robinet placé dans le bas du réservoir laisse couler l'eau nécessaire, sans erreur possible, parce qu'un tube en verre, placé au dehors et dans lequel l'eau marque son niveau, permet, au moyen d'une échelle de degrés, d'évaluer la quantité de liquide qui tombe.

Ainsi se trouvent supprimés, le foyer qui sert à chauffer l'eau et l'emploi des seaux pour le transvasement d'eau chaude et d'eau froide dans le pétrin, et enfin cette boue composée de farine qu'il faut gratter chaque semaine sur le plancher du fournil et qui est une cause de perte assez importante. La farine arrive dans le pétrin en passant par une bluterie mise en mouvement par la machine à vapeur, et se trouve ainsi divisée comme au sortir d'un moulin, ce qui lui fait absorber l'eau promptement et complétement. — Le pétrissage s'opère en dix à douze minutes, sans aucune évaporation ou perte de farine. La pâte est toujours rendue à point, parce que l'on peut bassiner ou remettre de la farine, la machine ne se fatigue pas, et l'ouvrier, qui bien tranquillement surveille la confection de la pâte, peut y appliquer toute son intelligence. Il n'est plus indispensable qu'il soit jeune et vigoureux, au contraire, l'ouvrier ayant

une longue expérience pratique sera préféré au jeune igno-
rant, et, sous tous les rapports, rendra plus de services,
parce qu'il aura l'amour-propre de son état.

On a calculé que l'accélération, la facilité du travail et
surtout sa régularité, la division de la farine par la bluterie
et l'absence d'évaporation pendant le pétrissage, donnaient
un rendement au moins de deux pains de plus par sac de
farine.

Le maître boulanger pourra, sans augmenter le nombre
ni le salaire des ouvriers, porter sa panification de trois à
cinq sacs, à huit ou dix sacs avec les appareils Drouot,
qui coûtent 4,000 fr. Il peut assister au pétrissage, l'ap-
précier, le diriger, opérer par lui-même ; il redevient maître
dans son fournil comme dans sa boutique, rien ne s'opposant
à ce qu'il soit obéi.

M. Dumas a déclaré, dans l'enquête de 1859, en soute-
nant la création des grandes boulangeries, que l'emploi des
machines donnerait dans la panification une économie considérable en permettant de faire mécaniquement les manipulations qui se font à bras ; mais qu'il est impossible dans
les petits ateliers actuels d'introduire l'emploi des machines.

C'est donc un grand et difficile problème que M. Drouot
a résolu, à l'avantage de la corporation.

Il est bien constaté aujourd'hui par l'expérience et la pratique que le pétrin mécanique, dans les conditions que je
viens de détailler, est plus avantageux que le pétrissage à
bras et que le pain est même supérieur en qualité. La lumière existe, il faut s'en convaincre et sortir de l'état arriéré
et stationnaire que l'on a tant de fois reproché à la boulangerie.

La panification est l'art de faire lever la pâte par la fermentation alcoolique, la même qui fait le vin et la bière et
qui fait gonfler la masse pâteuse en développant du gaz
acide carbonique.

La plus grande difficulté se trouve dans la direction, le

rafraîchissement et l'emploi du levain, et dans la surveillance de la fermentation, depuis le début jusqu'à la mise au
four. La fabrication, confiée aujourd'hui entièrement à des
ouvriers qui fonctionnent par routine et instincts pratiques,
mais ne savent rien des causes qui produisent la fermentation, sujette à toutes les influences de la chaleur du fournil
et de la température, restera forcément stationnaire tant
que le maître boulanger n'aura pas toute l'autorité et les
moyens d'exécution qui facilitent et font découvrir le
progrès.

A Paris, dans toutes les classes de la société, on veut du
pain très-blanc, et le consommateur est convaincu que la
qualité dépend surtout de la blancheur.

Tous les efforts de la meunerie se sont alors portés sur la
séparation complète, non-seulement du son, mais de toutes
les parties du blé qui s'opposeraient à ce blanc éclatant de
la farine. Ce résultat ne peut être obtenu qu'en repassant les
gruaux un grand nombre de fois sous les meules et en faisant subir à la farine une pulvérisation et un travail qui lui
font perdre de sa saveur et altèrent le gluten et le ferment
indispensable à une bonne panification.

Le blé contient 90 à 92 0/0 de farine blanche, et le pain de
Paris est fabriqué avec des farines à l'extraction de 30 à
35 0/0, tout ce qui n'est pas très-blanc ayant été écarté
dans la mouture, pour être revendu en dehors de Paris.

Cependant il a été parfaitement démontré par les hommes
de la science, qu'au point de vue de l'alimentation, il faut
que le pain contienne toutes les parties alimentaires du blé.
Le son est un tégument, il faut s'en débarrasser, mais gar-
der le plus qu'on peut de l'amande farineuse.

Voici à ce sujet ce que dit le savant M. Dumas :

« Le blé, comme le lait, constitue un aliment complet,
« où l'on retrouve des matières albuminoïdes, des matières

« sucrées ou féculentes, des matières grasses, des sels et
« en particulier des phosphates terreux.

« La crème ne représente pas le lait ; elle ne renferme pas
« assez de sucre. Le caillé qu'on fait après l'avoir séparée
« ne représente pas le lait, il ne contient plus assez de
« beurre. Le petit lait ne représente pas le lait non plus ; il
« lui manque le beurre et le caséum. Le lait le meilleur est
« celui qui n'a rien perdu et auquel on n'a rien ajouté.

« Il en est de même de la farine. Otez le tégument exté-
« rieur et laissez tous les autres éléments réunis, vous ferez
« un pain nourrissant, facile à digérer et agréable au goût.
« Séparez, au contraire, comme on le fait dans le système
« de mouture ordinaire pour Paris, la farine en plusieurs
« produits, selon leur finesse ou leur blancheur ; réunissez
« ceux-ci par assortiment de nuances, après les avoir re-
« passés à la meule, vous aurez des farines auxquelles il
« manquera tantôt l'un, tantôt l'autre des éléments consti-
« tutifs du blé. »

La surveillance et les soins que réclame la fermentation,
tous les détails de la panification, et l'obligation pour le boulanger d'être toujours prêt à satisfaire aux demandes et au
goût de chacun, s'opposeront à ce que ce métier, devenu
une industrie, puisse être exploité dans des ateliers sur
une trop grande échelle, et l'établissement de Scipion, malgré l'activité et les talents bien reconnus de son honorable
directeur, en donne la preuve évidente.

Une boulangerie élaborant par nuit dix à quinze sacs de
farine sera dans de bonnes conditions, qui permettront une
fabrication variée et soignée dans les règles de l'art, avec
des ouvriers dont l'intelligence ne sera plus absorbée par la
fatigue du pétrissage et aura pu, par conséquent, se développer davantage.

Avec ces moyens d'exécution, le patron intelligent devra
étudier, en dehors du pain de fantaisie et de luxe, qui ne

convient qu'à la classe riche, quel est le gros pain de consommation le meilleur et le plus profitable à la classe des travailleurs.

Il a été constaté dans l'enquête et par M. Le Play que le manque d'un bon pain de ménage cause un grand préjudice à la population parisienne.

Les observations de M. Le Play sur le pain de Paris, de Londres et de Bruxelles sont intéressantes et instructives :

« Le consommateur parisien aime un pain très-blanc,
« léger, riche en croûte, récemment extrait du four, et s'in-
« corporant aisément, en raison de sa nature spongieuse,
« au bouillon qui complète son principal aliment.

« Le consommateur de Bruxelles ne repousse pas un pain
« d'une nuance jaune ou même bise, plus serré, plus nour-
« rissant, conservant mieux son arome après un ou deux
« jours de garde.

« Enfin, le consommateur de Londres recherche surtout
« un pain blanc jaunâtre, extrêmement compacte, riche en
« mie, très-nourrissant, conservant longtemps son arome,
« se prêtant à la confection économique des tartines beur-
« rées et à la préparation de rôties savoureuses.

« Ces deux derniers reprochent au pain de Paris l'absence
« de saveur et d'arome, qui se manifeste dès qu'on le con-
« serve au-delà d'une demi-journée. Habitués à la douceur
« du ferment spécial qui impose des charges considérables
« à leurs boulangers, ils ne s'accoutument point au goût
« aigre que leur palais découvre tout d'abord dans le pain
« de Paris, fabriqué d'une manière beaucoup plus écono-
« mique avec des levains conservés de la veille. Le goût
« délicat des consommateurs de Londres et de Bruxelles
« impose aux boulangers de ces deux villes l'emploi de
« ferments au moyen de la levure de bière, lavée et com-
« pacte, qui sont dispendieux et qui ne jouent qu'un rôle
« insignifiant dans la boulangerie parisienne.

Le pain blanc de ménage, qui convient à Paris, doit être fabriqué avec des farines rondes pour lesquelles les meuniers réduiront autant que possible l'action mécanique exercée sur la matière alimentaire.

Ces farines ainsi préparées donnent un pain plus nourrissant et plus agréable au goût.

Les blés durs étaient autrefois préférés par la mouture française, qui donnait moins de farine affleurée et dans laquelle les premiers et les seconds gruaux remoulus n'arrivaient pas à la blancheur éclatante, mais conservaient intactes toutes les propriétés originaires du blé. Mais cette farine, au pétrissage, absorbe l'eau plus lentement et fatigue beaucoup plus les ouvriers.

La meunerie qui entoure et approvisionne Paris est parvenue, par des perfectionnements qu'on ne peut s'empêcher d'admirer, à dépouiller complétement le son et à produire des farines dont l'épuration, la finesse et l'éclat ne laissent rien à désirer, mais surtout que la facilité à pétrir et à panifier a fait adopter avec empressement par les boulangers et les ouvriers geindres qui, habitués à cette farine fine, refuseraient aujourd'hui le pétrissage de la farine ronde.

Cependant il est évident que la farine ronde de premier jet convient à la classe des travailleurs, et le pain très-blanc de la farine fine à la classe aisée, qui peut le consommer frais et n'en fait qu'un accessoire d'alimentation.

Mais, par les raisons que je viens d'exposer, la farine ronde ne peut être panifiée qu'avec l'aide du pétrin mécanique, et alors son rendement en pain devient très-supérieur à celui de la farine fine tirée à blanc.

Avec l'installation des appareils Drouot, le boulanger peut et doit doubler sa fabrication, et, par conséquent, faire les deux espèces de pain ; ce qui lui est impossible aujourd'hui.

L'autorité ne saurait convenablement intervenir pour

imprimer une direction au goût public en fait d'alimentation.

Mais le bon pain de ménage sera facilement adopté lorsqu'il contiendra tous les meilleurs éléments du grain, et qu'il sera poreux, trempant bien et se conservant frais. L'ouvrier fait sa principale nourriture du pain taxé qui renferme beaucoup plus de mie que de croûte et, par raison d'économie et d'hygiène, le consomme rassis. Il y a donc grand intérêt pour le boulanger à produire une espèce de pain qui conserve le plus longtemps possible toutes ses qualités.

En résumé, je crois :

1° Que le moment n'est pas venu de demander la liberté du commerce de la boulangerie. La liberté devant produire une concurrence devant laquelle la grande majorité des petites boulangeries actuelles succomberait dans l'état critique et appauvri de la corporation ;

2° Que pour améliorer sa position, le boulanger doit cesser d'exercer simplement un métier et entrer avec énergie dans la voie industrielle ;

3° Qu'il ne peut le faire qu'en adoptant moteur à vapeur et pétrin mécanique ;

4° Que ces moyens sont aujourd'hui assez perfectionnés pour être installés avec sécurité de succès ; qu'il doit les examiner, les étudier, et se convaincre, puisque la preuve existe en pratique ;

5° Qu'une boulangerie, pour être dans une voie de progrès et une condition de prospérité, doit élaborer par jour dix à quinze sacs de farine ;

Et qu'organisée sur ces bases, la boulangerie parisienne pourra, ainsi que le dit M Dumas dans son rapport, apprendre comment on peut réaliser des économies notables sur le prix du pain, ou bien obtenir, pour le même prix, un pain meilleur et plus beau, en mettant à profit toutes les données de l'industrie et de la science.

Celui qui cherche et sait reconnaître le progrès et le mettre en pratique est toujours l'homme supérieur dans son industrie.

Louis LEBAUDY,

Ancien gérant de la Boulangerie Centrale.

Paris, 9 octobre 1861.

Rouen. — Imp. Ch.-F. Lapierre et Cⁱᵉ, rue St-Etienne-des-Tonneliers, 1

ROUEN. — IMP. DE CH.-F. LAPIERRE ET Cⁱᵉ, RUE SAINT ÉTIENNE-DES-TONNELIERS, 1.